Annie Goetzinger

Jeune fille en Dior

穿迪奧的女孩
【暢銷紀念版】

親愛的Annie：

您絕對無法想像，您以圖像訴說的這些人生、命運、故事，在幼年時期的我心中留下多麼深刻的印象。《榮譽勛位女孩》、《奧蘿拉》、《金頭盔》、《名伶與戰棋》[1]……因為我實在太害羞，而您也永遠不會知道，這些故事在我生命中的意義。它們讓我渴望訴說自己的故事，而現在我已付諸行動。

我並非輕忽這些繪本故事腳本作者的貢獻（他們分別是Pierre Christin與Adela Turin），但若非您的才華、視野、講究，連一個小細節也不放過；若非您人物的線條、臉孔、身形、服裝、造型、髮絲、場景，若非您對角色的愛、您的要求、堅忍、明智、狂熱、高雅與狂暴，和優美的手寫字、分鏡與華美的場景設計，或許這些故事不會如此刻骨銘心。特別是《榮譽勛位女孩》，一再重讀仍然讓我驚豔。

很久以前，我在一次訪談中提及您的「Portrait Souvenirs」系列繪本小說對我的影響。很久以後的某一天，我收到了一封信，信封上熟悉的字跡令我屏息，於是特地找來一把利刃小心拆信，以免破壞信封。信封裡有一張折了三摺的A4紙，一打開，一個女孩躍然紙上，是我的「榮譽勛位女孩」！一身樸素制服，白領子與彩色的緞帶，直直望著我，並說道：「等我長大，也要讀您的書！」

哇！這真是一顆定心丸。

親愛的安妮，真正感動我的，並不是那封信或是您的體貼，而是看到我心愛角色的微笑。那是我第一次看見她露出幸福、快樂、帶點淘氣的表情，和《榮譽勛位女孩》裡的她非常不一樣，彷彿是為我而笑。對我而言，這個角色幾乎是有血有肉的，而您給我的這封信、這幅畫，就是最有力的證據，證明我對虛構故事與角色力量的信念是對的；我相信創造出來的角色能夠活在讀者的心目中，與他們的家人或朋友一樣鮮活、一樣有意義。

您贈予我的這份禮物真是太美好了。

我們從沒正式見過彼此，幾年前您在一間畫廊辦展，我們曾接觸過短短幾分鐘。創作的道路上必須付出什麼代價，您一定也很清楚。懷疑、孤寂、這份甜美的分裂使我們與其他人離得太遠，又靠自己太近，如此疲憊。但無論如何都不足以感謝您，那天僅以一張畫提醒了我自己並沒有錯選孤寂，這也是今日我必須要告訴您的。

對了，這本來應該要是一篇「推薦序」。事情是這樣的，出版社的編輯（他正是《榮譽勛位女孩》的編輯）為了請我寫一篇序，寄來一份《穿Dior的女孩》的書稿。但我無論如何都沒有辦法讀，我無法在未裝訂成書的紙稿上閱讀您的作品，這太令人傷心了。因此，當您首次讀到這封信的同時，我也是剛才開始欣賞這本書。真抱歉，請不要責怪我，這不是一篇真正的「推薦序」。但這樣才好，在尚未讀過內容的狀態下書寫，能夠避免寫出流於主觀的蠢見或毀了讀者的閱讀趣味。再說，我自己一點也不喜歡讀序。不過這次，我終於有機會能夠藉此向您致謝，並讓更多如當初的我一般害羞、滿懷夢想的年輕人看到這本書。多年之後，他們之中某些人也許會因為受到這本書的鼓舞，而選擇時尚或高級訂製服為業。

這不是一篇序，而是一支舞。我透過這篇文章，向那些也被您才華所啟發的承繼者們，伸出邀舞的手。我的人生，幾乎可以說是您幫我選擇的，為此我告訴自己：我真是非常地幸運。

Anna Gavalda

註[1]：原文書名依序為 *La Demoiselle de la Légion d'honneur*、*Aurore*、*Légende et réalité de Casque d'or*、*La Diva et le Kriegspiel*，為本書作者安妮‧葛琴歌（Annie Goetzinger）之經典繪本作品。

序文者介紹：Anna Gavalda

法國著名當代小說家，因受到本書作者之啟蒙而踏上寫作之路。曾被法文雜誌《Voici》喻為「Dorothy Parker的傳人」，2000年，因短篇小說集《Je voudrais que quelqu'un m'attende quelque part》獲得獎RTL讀書大獎(Grand Prix RTL-Lire)。其兩部小說作品《Je l'aimais》及《Ensemble, c'est tout》曾被翻拍為電影。

目錄

La Couture, c'est au temps des machines, un des derniers refuges
de l'humain, du personnel, de l'inimitable.

CHRISTIAN DIOR

「在工業化時代，高級訂製服是人類、工匠與擇善固執者最後的庇護。」

——克里斯汀・迪奧

當年，無論是我或其他人，誰都沒有踏入過蒙恬大道30號
（30 avenue Montaigne）。據說，迪奧先生要求以「1900路易十六」
風格裝潢他的總部。這個風格事實上並不存在，而是來自於他在
諾曼地崗維爾（Granville）與巴黎帕西（Passy）的童年記憶。

白色的細緻木工、帶珍珠光
澤的灰色綢緞、塔夫塔綢製
的燈罩，還有花束與棕櫚。

我貪婪地欣賞這些優雅低調
的物品，卻沒注意到晚間的
騷動，這是Dior第一場秀的
前一晚。

晚安，謝謝你們。

晚安，先生。

老闆，已經快要半夜了。

是啊，親愛的，妳們先回家吧。只剩下修姆花店的花還沒送來。

妳們知道嗎，我親愛的媽媽不希望看見我的姓氏掛在招牌上。

要是她還在世，我是不敢這麼做的。

迪奧夫人於1931年辭世，她還來不及認識兒子的四位得力助手，但我卻有幸認識她們。

瑪格麗特·卡蕾[1]
又稱「縫紉夫人」，她能夠將設計師的草稿化為華服，永遠不會累。

蕾蒙德·欽娜克[2]
的辦公室就在迪奧先生的隔壁，她總是寸步不離。

米莎·布麗卡[3]是迪奧先生的「繆思女神」，堅持只要活著就要保持絕對優雅。

蘇珊·盧林[4]
熟識時尚界的名流人士，其餘一切在她眼中都不存在。包括我屬於的世界。

3

註[1]：Marguerite Carré，人物介紹見第140頁。

註[2]：Raymonde Zehnacker，人物介紹見第141頁。

註[3]：Mitzah Bricard，人物介紹見第139頁。

註[4]：Suzanne Luling，人物介紹見第141頁。

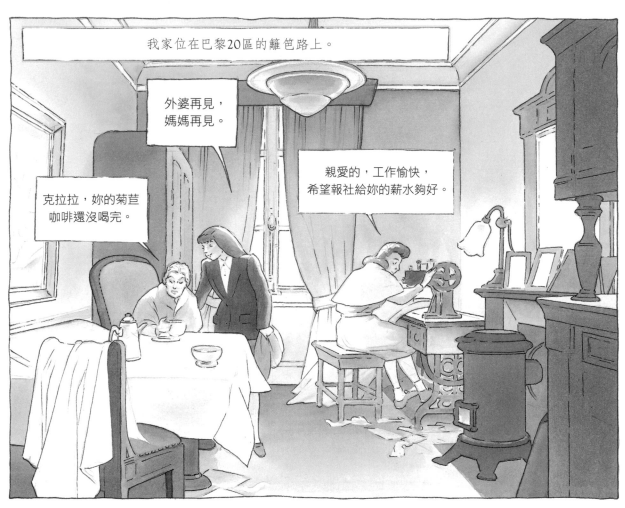

我家位在巴黎20區的籬笆路上。

外婆再見，
媽媽再見。

親愛的，工作愉快，
希望報社給妳的薪水夠好。

克拉拉，妳的菊苣
咖啡還沒喝完。

我正前往人生第一次採訪的路上！

註[1]：Lucien Lelong，人物介紹見第141頁。
註[2]：Pierre Balmain，人物介紹見第139頁。

座位安排是經過精心設計的。
《Harper's Bazaar》的卡蜜兒·
史諾[1]和《Vogue》的貝蒂娜·巴
拉德[2]同坐一張沙發，對面就是
《Elle》的愛蓮·拉扎赫芙[3]。

我的時尚記者之路
還長著呢。

註[1]：Carmel Snow，人物介紹見第141頁。　　　　註[2]：Bettina Ballard，人物介紹見第139頁。
註[3]：Hélène Lazareff，人物介紹見第140頁。

瑪琳·黛德麗[1]被安置在尚·寇克多[2]
與克里斯汀·貝哈[3]之間。

據說他們三人
非常欣賞彼此。

麗塔·海沃思[4]和
阿迦罕三世王妃[5]，
我所知不多。

妳瞧，那個褐髮
女孩是誰？

穿得很糟糕的
那個？我猜是
小記者吧。

有人告誡過她只准寫稿、嚴禁拍照
嗎？就像在煉油廠裡一樣？

也可以嚴禁妳們在等待
秀開場時毫無建設性的
說長道短嗎，女士們？

註[1]：Marléne Dietrich，人物介紹見第140頁。　　　　　　　　註[4]：Rita Hayworth，人物介紹見第140頁。

註[2]：Jean Cocteau，人物介紹見第140頁。　　　　　　　　　　註[5]：La Bégum，人物介紹見第139頁。

註[3]：Christian Bérard，人物介紹見第139頁。

註[1]：Marie-Thérèse Pouch LeMoine（1925-2008），Dior品牌創立時的第一代模特兒。

許多妓院的確在Dior正式開幕的同時關上門。當時迪奧先生正在尋找適合擔任模特兒的女孩們，據說「妞兒」、「遊蕩露西」和「小馬子」也都去應徵了，但當然沒有被錄用。

這工作不就是穿穿脫脫？

這我們最在行了。

但瑪麗泰瑞絲並非那樣的女孩。她曾是速記打字員，後來加入尤蘭達（Yolande）、寶菈（Paule）、露席（Lucile）、諾兒（Noëlle）與塔妮雅（Tánia）五位年輕女孩的行列，迪奧先生稱她們為Dior的「專屬模特兒」。

這次，她們要展示90套1947年春夏的高級訂製服系列。

準備好了嗎，女孩們？
唱號員要開始囉！

10

啊，「Amour」的外套，
噢，「Avril」的抓褶！
這些布料、這些帽子，從未在其他設計師的作品中
見過，而一陣細微的沙沙聲正宣告著另一個驚喜。
我熱切地筆記著，將這一切告訴我們的讀者。

這是一套低調的雙色
午茶裝。

山東綢圓形燕尾束腰短外套，羊毛綢過膝
大圓裙。來賓們忍不住開始拉扯著自己過
短的裙擺，她們意識到，身上的裙子正式
落伍了。

註[1]：La comtesse Greffulhe，人物介紹見第140頁。
註[2]：Paul Poiret，人物介紹見第141頁。

此時此刻，誰會想起非法交易、投機份子，甚至是戰爭呢？
日間服、午餐套裝、午茶套裝、舞會禮服、半晚裝與晚禮服，華服
之前，眾人沉浸在宴會與社交生活的美夢中，就像戰前那樣。卡蜜
兒·史諾將一切看在眼裡，一語不發，筆記本寫滿了一頁又一頁。

我們是否所見略同？

25

九十號！

Number ninety！

「Fidélité」！

尤蘭達披上新娘禮服。絕美萬分的綢緞、圓點薄紗與網紗。長到彷彿無止盡的頭紗為「Corolle」和「En 8」系列的秀畫下句點。

熱愛洋裝的客人已經想要全部擁有，她們迫不及待要成為Dior所詮釋的「花樣的女人」。有些很難取悅的女士，則反對遮掩雙腿與穿戴束腰的「老舊」觀念。

也有些客人們像燕子一樣，來了又走，兩手空空的離開，因為她們拿不定主意，或是像我一樣，身無分文。但這些都無所謂！
Dior愛每一個女人。

我猜想他在後台一定很開心，就和工坊裡的夥伴們如資深裁縫師（couturière qualifiée）、學徒（arpète）、微型縫藝（petites main）、打版師（coupeuse）、收邊裁縫師（picoteuse）以及首席裁縫師（première d'atelier）一樣。

他是自己走出來，還是被從試衣間裡推出來的？在這位四十多歲、肥胖卻不失優雅，其實還很害羞的男人面前，喝彩聲不絕於耳。「無論我的生命中曾有過多麼幸福的時光，都無法超越眼前此刻。」他稍後如此說道。

「這真是一場革命啊，親愛的克里斯汀！您的洋裝極為美妙，您創造了『新風貌』！」我如實寫下卡蜜兒·史諾的由衷讚美。

註[1]：在電視機尚未普及的年代，法國的電影院會在電影開演前播放新聞。

NEW LOOK在法國投下震撼彈後，迪奧先生越過大西洋，準備征服美國市場。據說，美國時尚界對他的評價褒貶不一。

他抵達紐約港的時候，在Queen Mary號輪船上召開記者會，親切地回應那些批評聲音。

我希望全世界的女人，都覺得自己像個女公爵般美麗。

美國的女性同胞們不欣賞NEW LOOK。當年女人們的裙長引起了劇烈爭議，一些「反長裙協會」甚至帶著這個標語上街頭：「只要剛好過膝！」

德州聖安東尼奧的女性則聲明：「阿拉莫要塞[1]倒下了，但我們的裙擺絕不落地！」

看看這些俄亥俄州代頓的女孩，她們手持剪刀，以無聲卻激進的方式抗議！

註[1]：阿拉莫戰役（Battle of the Alamo，1936年2月）為美墨戰爭（Texas War of Independence）接近結束之時，一場慘烈的戰役。

幸好這些協會的一千三百個激進分子，沒能阻止幾天後迪奧先生在達拉斯獲得時尚界的奧斯卡獎，由領導美國最大精品百貨的史丹利·馬可斯（Stanley Marcus）親手頒發！

最後，就以《Harper's Bazaar》總編輯卡蜜兒·史諾的評論為我們的報導做結尾：

克里斯汀·迪奧對巴黎的時尚界來說，就像1914年的馬恩河計程車[1]救了法國！

説得好！

註[1]：馬恩河戰役（First Battle of the Marne，1914年9月）為第一次世界大戰期間，英法聯軍對抗德軍的著名戰役。六百輛巴黎計程車協助運送了六千名官兵至前線增援，使聯軍獲得最終勝利。

就這樣，我的時尚記者生涯來得快，去得也快。整間公司的人似乎都已經認識我了。打從門房開始：
「諾昂小姐是嗎？」

然後是卡門·柯爾[1]，
一樓飾品部門的經理。

小可愛，請上樓，盧林女士會接待妳。

註[1]：Carmen Colle，人物介紹見第140頁。

45

蘇珊．盧林是迪奧先生從小到大的
朋友，她對我有些冷淡 。
我的心狂跳著。

迪奧先生手持藤條，就像塞居爾夫人[1]
筆下的故事。要是他真的動手打我，
我就用包包砸他的頭！

小姐，您的裙子
哪裡買的？

是我媽媽做的，
先生。

她跟我外婆
一樣都是裁
縫師。

不過我一點縫紉
天分也沒有。

所以您書寫時尚，這樣滿好的。

註[1]：Sophie Rostopchine, comtesse de Segur（1799-1874），
為十九世紀法國著名兒童文學作家。

是巧合還是命運的安排？
我與迪奧先生的會面是在一個總彩排的早上，就在某場首秀的前兩天。

此時，欽娜克女士上緊發條，絕不容忍任何小錯誤，因為這時候所有的細節都要就定位，也該決定首飾與各式各樣的配件。

49

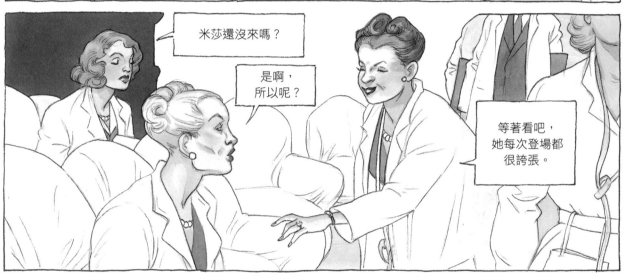

帽子,

皮草,

珠寶米莎,

優雅米莎。

我進入Dior公司的方式比米莎要低調得多,總之,迪奧先生要求我跟著他下樓,顯然是個好兆頭。

諾昂小姐,
我也曾經貧窮又不知所措。

人生就像一場充滿機緣的遊戲,塔羅牌在這種時候,往往可以幫助我。

我應該介紹妳跟
德菈海女士（Madame
Delahaye）談談。

那位名流御用的
占卜師嗎？

早安，孩子們。
快開始吧，
我們已經耽擱了。

請幫這位年輕女
孩找個位子。

這件是原型，
先生。

「Place
Vendôme」！

瑪格麗特，我不喜歡，缺了顆扣子，這兒！

縐褶很恰當，非常完美。
好，現在來看帽子。

該妳上場了，
米莎。

不行，太冬天了。

很迷人，
增加更多花朵如何？

非常完美，米莎。
一如往常。

46

這是我第一次置身於高級訂製服的夢幻世界。
但我也發現，在迪奧先生的工作室中，我們只知道何時開始試衣，
卻永遠不知道何時才會結束。
時至午夜，終於開始討論盛裝晚禮服。我們得要決定：
「Marly」是否要搭配手套？要搭配哪一雙？或是不要手套？
要搭配多層珍珠項鍊還是玻璃珠首飾？

每一次服裝秀結束後又會回到原點，一切都
要從頭來過。迪奧先生會躲到鄉間的居所，
位在楓丹白露附近的庫德雷磨坊（Moulin du
Coudret），只帶著司機與廚娘。

皮耶，
您願意留到明天嗎？

非常樂意，
先生。

51

53

湧進大批訂單了，老闆。
我們的美國買家們搭著貨機離開呢。

啊，大家正在等候我們的第一位日本
訪客美智子王子妃，她是未來的皇
后，將會和貼身女僕一道前來。

很好，
那小克拉拉呢？

她剛到。

德菈海女士算的塔羅牌沒錯。
索妮雅的肚子愈來愈大，離開
公司待產去了。

迪奧先生要我填補她的空缺，
噢天啊，像做夢一樣！

走幾步。

轉身。

67

還真是迫不及待呀，女爵！咭，這位是克拉拉。

我負責秀場後台，歡迎加入。我們一定會讓妳愛上這間公司的。

一定會的，女士。

今天從一早大家就不斷鼓勵我。

這位圖爾克漢（Turckheim）女士，是真正的女爵嗎？

我們私下都叫她「圖圖」，她人很好。

迪奧先生很欣賞貴族們的作風。

就算迪奧先生不在，所有的員工與「女孩們」仍舊每天一早就到公司，工作八小時。從今以後我也一樣！

在員工餐廳，每個人依自己的薪資收入消費。

所有製作服裝所需要的胚布、織品、鈕扣及小配件，都存放在倉庫。

在試衣間中，一位洋溢巴黎風情的外國客人，滿意地露出笑容。

女人是多愁善感
的生物。

賈克才是我的生命，
呵，

帳單就寄給
傑哈吧。

那麼，丈夫遭遇財務困難的女人呢？

唉，這次渡假我只
能訂十套衣服了。

真是可惜！
那您要縮短假期嗎？

絕不！我們會換好幾家
飯店，絕不能讓人見到
我穿同一套衣服兩次。

63

還有夢想穿進36
號，但實際上是
48號的客人。

這件洋裝一點也
不適合我。

但您的飲食控制
奏效了呀！

71

在一個晴朗的早晨，迪奧先生回來了，還帶著滿滿的草圖，
在時尚界我們稱之為「手稿」（petites gravures）。

我帶著手稿
回來啦！

「Trafalgar」意即將會登上時尚雜誌封面，
成為話題的款式。

73

挑挑揀揀，最後，迪奧先生與他的左右手們選出了60張手稿，以10個不同主題構成一整季的服裝系列，同時敲定了策略。

是的，一分鐘都不能耽誤。

只有6個禮拜，要做出200套！

瑪格麗特夫人依照每個人的品味偏好與能力，選定這次工坊的首席裁縫們。

珍妮，這些抓褶就交給妳的手下；茱麗安，垂墜由妳的小組負責。

薩爾瓦多、安東尼歐，你們負責套裝。

奧格絲塔，貼身洋裝就交給妳了。

倒數計時開始。第一步：將手稿製成布樣。

第二步：試衣。

瞧瞧這些絲織品！簡直滿坑滿谷。

緹花 、 雙縐綢、羅緞、羅紋還是斜紋綢？
不，還是紅色的塔夫塔綢好，但要偏石榴紅、緋紅還是紅寶石色？
此刻的我好想脫去高跟鞋，同時幻想著烤乳酪火腿三明治。
但Dior的衣服可以當飯吃。

結果把Dior當飯吃的女孩
錯過了最後一班地鐵。

克拉拉小姐？

註[1]：Belle Époque，歐洲社會史上一段文化、藝術與科技各方面都快速發展的黃金時代，
約始於1871年普法戰爭與巴黎公社事件正式結束後，直到第一次世界大戰爆發。

我一直很相信命運。
小可愛，那您呢？

我嗎？
唔……

親愛的克里斯
汀，您好嗎？

喔天啊，是亨弗萊・鮑嘉[1]和洛琳・白考兒[2]
耶！我曾在黑白電影「夜長夢多」（The Big
Sleep）和「蓋世梟雄」（Key Largo）中見過他
們，就這樣突然出現在我眼前，還是彩色的！

今晚，所有事物都如此耀眼奪目，我也因為迪
奧先生的一句話，人生從黑白變成彩色的。

朋友們，這位是克拉拉・諾昂。
她可不是那些想成為模特兒的年輕女孩，
而是將要成為女人的模特兒。

她美極了。

克里斯汀，您的品味總是那麼
好。克拉拉小姐，祝您好運。

76

註[1]：Humphrey Bogart，人物介紹見第139頁。
註[2]：Lauren Bacall，人物介紹見第139頁。

但願他們說的是真心話。
我一整晚都沒闔眼，接下來幾個晚上更是如此。

睡不好嗎？
妳臉色好黯淡啊。

這就是走秀
前幾天的臉色啊，
盧林女士。

是啊，這是標準的
「Dior氣色」！

85

「Dior氣色」是加班、焦躁和緊張的顏色。

該死！

知道了知道了，瑪格麗特女士，我會再修改一點點。

哎呀，蕾昂，您又刺到我了！

大戰一觸及發。

男士們，你們安排座位的動作未免太慢了！

煙灰缸在哪裡？記得準備扇子，明天會是個大熱天！

連在家中的迪奧先生也一臉Dior氣色。

德菈海女士，女人們會不會不再喜愛我的洋裝了？

塔羅牌顯示的恰恰相反噢。

到了決戰日，不容再有疑慮。在更衣室中，旁觀者會認為我們身陷在一團不可思議的混亂之中，但其實我們卻是按著周詳精確的計畫行動。

每一套服裝都有專屬的配件，每一個模特兒也有指派的更衣助手，同時還有兩個髮型師在打理大家的髮鬢。

十點三十分！派對即將揭幕！

記得將腳往前伸，這樣才能撐起裙子，拉長身形。

「Chérubin」，輪到我了！
走秀不僅僅是以優雅的姿態穿過樓梯與
沙龍之間窄小的通道，更要像個女王般
地征服眾人。

三號！
Number three！
「Chérubin」！

眼神盯著遠方，高度落在賓客們的頭髮上，節奏迅速，避免停頓而使他們分神。

卡蜜兒‧史諾是不會分神的！每套衣服她只需要看一眼。她會如何評論我身上這套服裝呢？我一點都不惋惜時尚記者的工作。我再也不是她們眼中「穿得很糟糕的那個女孩」。

我喜歡望著所有的晚宴
服從「敞廊」（loggia）
被遞送下來，看起來就
像從天而降一般。晚宴
服是走秀的重頭戲。無
論是對模特兒而言，或
是沙龍中的觀眾們。

每個人都引頸期待晚宴服與新娘禮服，
就像等待壓軸的煙火那般。

無論在日常生活中或是走秀時，我對男人並無特別恐懼，但專業買家的作風令我卻步。他們付出高昂的價錢，只為取得當季的先機。

他們認為自己因此有權觸摸，翻來覆去地檢視我們前幾天才穿過的衣物。

他們永遠不會滿足，也永遠不會疲倦。

真可怕！

這是他們的工作啊！雖說我也是個生意人，但這種場面讓我很難受。

是時候談談1954年7月我的第一次出差了。英國紅十字會會長馬爾博羅公爵夫人（La duchesse de Marlborough），力邀Dior為她位於牛津郡布倫海姆宮（Blenheim Palace）住所的一場盛會，舉辦義賣走秀，英國公主也會到場。

明天早上九點鐘彩排。晚上六點正式走秀。一切都必須很完美，女孩們，別忘了妳們就是巴黎優雅的化身！

十大箱洋裝與配件先我們一步抵達英國。下飛機時，成列的加長型禮車將我們送至城堡。迪奧先生並沒有陪著我們。他將我們託給蘇珊‧盧林，她一向知道該如何鼓舞大家的士氣。

隔天下午，我們繼續踏著高跟鞋，彩排走秀路線與錯身，還有練習如何向女王的妹妹，也就是瑪格麗特公主行傳統英式屈膝禮。

您還好嗎，小姐？

非常好！
但您沒看到我們
正在工作嗎？

這下可好了！我罵了個公爵。算了，至少要好好行完屈膝禮，反正明天就回巴黎。

走秀後的雞尾酒晚宴……

雖是盛夏，但在蒙恬大道上卻已然入冬，因為我們正
準備著秋天的高級訂製服系列。
羊駝毛、法蘭絨、毛呢、甚至皮草，取代了絲織品。
在毛料套裝下，我幾乎快要窒息，卻一邊想著，這套
衣服真是適合秋季的英國鄉村啊！

克拉拉，您在午餐前是否能
到配件店鋪一趟？

親愛的諾昂小姐，我需要您幫我一個大忙！

我想送包包和手套給一位非常優雅的女士，

薩摩維女勳爵，也就是我的母親。

亞柏特・史班賽的雙手非常細緻，他的舉止也是如此。

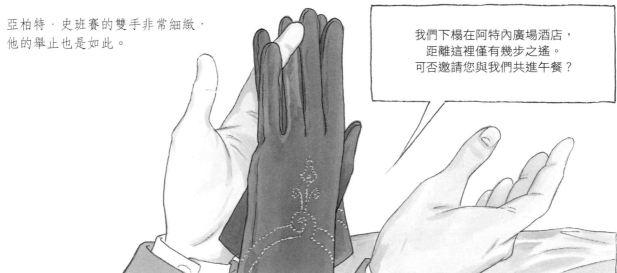

我們下榻在阿特內廣場酒店，距離這裡僅有幾步之遙。可否邀請您與我們共進午餐？

自那天後，又有許多午餐、晚餐、舞會，然後……

妳該不會是為了他漂亮的雙手才嫁給他吧？

當然是為了財產和頭銜啦。

克拉拉·薩摩維夫人。唉，我們將會失去一位模特兒，但得到一位客戶，但願如此。

他母親同意嗎？

卡洛琳·薩摩維女士是出身紐波特的美國人，並不是英國貴族。

華勒絲·辛普森[1]也是，她是溫莎公爵的夫人，也就是前任國王愛德華八世[2]。

那妳愛他嗎？

啊，既然您愛著他，我沒有任何辦法可以留住妳，孩子。

通常我的女孩們都是為了記者或攝影師而離開我。

我即便離開您，也將永遠對您忠誠，先生。

註[1]：Wallis Simpson，人物介紹見第141頁。
註[2]：Edward VIII，人物介紹見第140頁。

我想要聊聊我的新娘禮服，當然，是Dior打造的。

我們在裙擺縫入了大家的頭髮。

據說會帶來好運呢！

婚禮後，我很快地就成為品牌的忠實客戶，身上的衣服全是Dior，而一位新的女孩也取代了我。

那新來的女孩是誰？

維多麗亞。衣服穿在她身上出色極了。

最幸福快樂的回憶，
全都和Dior夢一般的
服飾連結在一起。

我對來自蒙恬大道的
時裝是如此依戀，亞
柏特·史班賽也總是
會心一笑。

我依偎在心愛丈夫的
臂彎中，我們一直跳
舞，隨著他的外交生
涯在世界各地旅行。

直到1956年，
我們在義大利熱那
亞港登船，準備航
向紐約。

97

7月26日夜間，我們搭乘的Andrea Doria號在大西洋被一艘瑞典郵輪Stockholm號撞上，
我的丈夫成了五十一位船難遇難者之一。而我，卻是倖存者。

我苟延殘喘，失去所有生氣，待在偌大的居所，被佣人們包圍著。
據說只要碰觸一個女人的衣服，就能知道她幸福與否。
若真是如此，我的衣服應該已經沒有靈魂。

巴黎來的電話，夫人。

親愛的克拉拉，
我聽說您遭遇的不幸了，
您已經好一段時間沒來看
我的秀了。

我是以朋友的身分和您說話，
而非生意人，

來看看我新的系
列吧，然後我們
一起用晚餐，
就像以前那樣。

「我要交給他們一個欣欣向榮、世界知名的公司。辛苦工作了十年，設計了上千套的洋裝。我變胖了，也感到自己漸漸枯竭，我想要休息了，克拉拉。」

在他崗維爾的居所前，我不禁想著，這真是一語成讖。

各位女士，
各位先生……

100

克里斯汀‧迪奧於義大利蒙堤卡地尼（Montecatini）心臟病發過世，得年52歲。

那天是1957年10月24日。

終

高貴優雅的克拉拉·諾昂，「穿Dior的女孩」，
與奧黛麗·赫本有幾分神似，是個虛構人物。
她的故事與克里斯汀·迪奧最後十年的生命交會錯綜，
也就是從1947年他創立品牌直到1957年驟逝為止。

———

十年光景間，克里斯汀·迪奧成為高級訂製服的傳奇，
他是一位勤奮不懈的設計師，更是深受員工愛戴的老闆。

Dior 大事紀

1905

1月21日，克里斯汀・迪奧生於法國諾曼地崗維爾，父母分別為Alexandre-Louis-Maurice Dior與Marie-Madelaine Dior，母親娘家姓氏為Martin。

他在五個孩子中排行第二，長兄Raymond，下面則有弟弟妹妹Jacqueline、Bernard及Catherine。迪奧家族居住在羅盤宅邸（Villa les Rhumbs）中。

1910

全家搬至巴黎。

1923-1926

就讀於巴黎政治學院。結交許多朋友。亨利・索格（Henri Sauguet）、皮耶・賈索特（Pierre Gaxotte）及尚・奧珊（Jean Ozenne）組成一個私人的小俱樂部，經常聚在多朗雪路（rue Tronchet）上的「Tip Top」酒吧，或是梅德拉諾馬戲團（cirque Medrano）中。

此時的迪奧也與繪畫界的人士來往密切，像是克里斯汀・貝哈（Christian Bérard）與馬克思・賈可柏（Max Jacob），後者曾在他的畫廊中展出。

1927

服兵役。

1928

與朋友雅克・朋尚（Jacques Bonjean）一同開設畫廊。展出Bérard、Chirico、Tchelitchev、Braque、Dufy、Laurencin、Léger、Lurçat、Max Jacob、Picasso、Francis Rose等人的畫，也有Maillol、Zamoyski、Zadkine等人的雕塑。

1931

母親過世。迪奧與一群建築師前往俄國進行研習之旅。由於1929年經濟危機，父親破產。

1932-1934

雅克・朋尚畫廊歇業。改與皮耶・柯爾（Pierre Colle）畫廊合作，迪奧對超現實主義特別感興趣。他的第一場畫展獻給了Dalí。

1934

2月：感染肺結核。
4月至11月：至豐羅默（Font-Romeu）養病，然後到西班牙巴利亞利群島（Illes Balears）。

1935

住在朋友尚・奧珊家休養，朋友鼓勵迪奧開始創作服裝畫。

1935-1938

向多家服裝公司販售洋裝與帽子的設計圖。也為《Figaro》與《Jardin des Modes》雜誌繪製時尚畫。

1936

入住波旁宮廣場（place du Palais-Bourbon）旁的布根地旅館（Hôtel de Bourgogne）。

1937

搬離布根地旅館，入住位於巴黎一區皇家路（rue Royale）十號的公寓。

1938

進入侯貝・皮傑（Robert Piguet）旗下當立裁師。

1939

受到徵召，在耶夫河畔默恩（Mehun-sur-Yèvre）的工程部隊擔任一等兵。

1940

退伍，到瓦爾省的卡利昂（Callian），和父親、妹妹會合，成為一位農民。

1941

12月進入盧西安・勒隆手下，成為立裁師。

1946

受到馬歇爾・布薩克的資金贊助，離開盧西安・勒隆的工坊，成立自己的品牌，12月於巴黎8區的蒙恬大道上開幕。共有三個服裝工坊（其中兩間負責洋裝，另一間則負責套裝）員工85人。

賈克・胡耶（Jacques Rouët）擔任總監。維克多・格蘭皮耶（Victor Grandpierre）負責室內設計。克里斯汀・貝哈則負責配件店鋪的裝潢設計。

1947

2月12日星期三，Dior品牌的第一個系列正式登場。1947年春夏系列為「Corolle」與「En8」，時尚雜誌《Harper's Bazaar》的總編輯卡蜜兒・史諾所稱的「NEW LOOK」一詞即是來自於此。同年開設另外兩間工坊。

此時，美國形成了一股反對勢力：「The Little Below the Knee Club」，抗議裙子過長。9月，迪奧在美國達拉斯獲史丹利・馬可斯頒發服裝界的奧斯卡獎。在全美國旅行研究Dior市場（紐約、達拉斯、洛杉磯、舊金山、芝加哥）。

1947

3月4日：正式成立Christian　Dior香水公司，由塞吉·海夫勒路易奇（Serge Heftler-Louiche）擔任總監。

12月1日：發行Miss Dior香水。

1948

成立「Fourrures Christian Dior」皮草部門。
帽飾部門則由米莎·布麗卡擔任總監。在紐約第五大道與57街街角開設Christian Dior New York Inc.。於米利拉弗雷（Milly-la-Forêt）購入庫德雷磨坊。

1949

在美國發售絲襪系列。
發行Diorama香水。

1950

4月26日：於倫敦的法國大使館為英國女皇與瑪格麗特公主舉辦迪奧私人服裝秀。

在美國與Stern, Merritt & Co Inc.合作第一個領帶系列「Christian Dior Ties」。
在紐約成立Christian Dior Furs Inc.。
成立「Christian Dior Diffusion」部門，負責協調批發、出口及授權許可的整體運作。
於紐約成立Christian Dior Export公司，整合數個部門：帽飾、手套、包袋、珠寶及領帶。
在墨西哥與Palacio de Hiero（墨西哥的連鎖精品百貨）簽約。

迪奧對促進織品業及時尚業的手工藝發展貢獻良多，獲頒法國榮譽勳章。

為瑪琳·黛德麗演出、希區考克執導的電影「慾海驚魂」（Stage Fright）設計洋裝。

同年買下位於巴黎16區Jules-Sandeau大道7號的私人宅邸與位在Montauroux的Colle Noire別墅。

1951

成立「bas et gants」（褲襪與手套）部門。
在加拿大與Holt Renfrew & Co.（加拿大的連鎖精品百貨）簽約。此時的Dior公司共有900名員工。
為瑪琳·黛德麗演出、德國導演亨利·科思特（Henry Koster）執導的電影「天空無路」（No Highway In the Sky）設計套裝。

出版第一本書《我是裁縫師》（Je suis couturier）。

1952

在倫敦成立Christian Dior Models Ltd公司。
併購位在法蘭索瓦一世路（rue François-Ier）13號上的整棟大樓。

1953

於委內瑞拉卡拉卡斯（Caracas）與Cartier聯合開設Christian　Dior門市。以高級訂製服為發想，推出Dior口紅，共有8個色號。
成立訂製鞋履線，與侯傑·維衛爾（Roger　Vivier）合作推出。

1954

投下「NEW LOOK」的震撼彈七年之後，迪奧以稱為「Haricot」的豆莢線條與「Flat Look」扁平造型的「H」線條再次在眾人心中留下深刻印象。
在英國牛津郡布倫海姆宮為馬爾博羅公爵夫人及瑪格麗特公主舉辦服裝秀。
此時巴黎的Dior公司共有1000名員工，負責28間工坊及5棟大樓。

1955

在蒙恬大道與法蘭索瓦路口開設門市。開設成鞋部門，由侯傑·維衛爾設計、查爾斯·裘爾丹（Charles Jourdan）製作。
與Scandale公司合作，推出「gaines et gorges」（腰與胸）內衣系列。與Henkel & Grosse合作推出平價飾品系列。
8月3日，迪奧在Sorbonne大學演講，題目是「L'esthétique de la mode」（時尚美學）。

伊夫·聖羅蘭進入工作室。

1956

出版回憶錄《克里斯汀·迪奧與我》（Christian Dior & moi），由Amiot-Dumont出版。

1957

馬克·波昂成為Dior倫敦公司的藝術總監。

3月4日：迪奧登上《Time》雜誌封面。
此時Dior公司占有50%的法國高級訂製服總出口額。

10月24日：迪奧在義大利蒙德卡地尼進行溫泉療法，心臟病發辭世。

10月29日：在巴黎的聖歐諾黑戴羅教堂（Église Saint-Honoré-d'Eylau）舉辦喪禮後，隔日在卡利昂下葬。

Dior 的 22 個 系 列

1947

春夏
COROLLE 與 EN 8

秋冬
COROLLE

———————

1948

春夏
ZIG-ZAG 與 ENVOL

秋冬
AILÉE

———————

1949

春夏
TROMPE-L'ŒIL

秋冬
MILIEU DU SIÈCLE

———————

1950

春夏
VERTICALE

秋冬
OBLIQUE

———————

1951

春夏
NATURELLE

秋冬
LONGUE

———————

1952

春夏
SINUEUSE

秋冬
PROFILÉE

———————

1953

春夏
TULIPE

秋冬
VIVANTE

———————

1954

春夏
MUGUET

秋冬
H

———————

1955

春夏
A

秋冬
Y

———————

1956

春夏
FLÈCHE

秋冬
AIMANT

———————

1957

春夏
LIBRE

秋冬
FUSEAU

BAR（酒吧）
午茶裝。原色山東綢短外套、黑色毛料縐褶大圓裙。

AMOUR（愛戀）
黑色毛料雞尾酒洋裝，以玫瑰花裝飾。

註：法文Corolle意即「花冠」。

PRINCE IGOR（伊戈爾王子）
深綠絲絨黃昏洋裝，搭配金色刺繡與豹紋反折袖口。

ALADIN（阿拉丁）
絲緞黃昏洋裝。

塔夫塔綢洋裝。

Drag（長曳）
正式午茶裝。

註：法文 Zig-zag 意即「曲折的」、Envol 意即「飛行」。

DELFT（德夫特）
淺灰色橫裁綢晚禮服。

註：法文Ailée意即「起飛」。

QUATRE SAISONS（四季）
猩紅色塔夫綢雞尾酒洋裝。

FLÛTE ENCHANTÉE（魔笛）
晚禮服。

註：法文Trompe-l'œil意即「錯視」。

JUNON（女神朱諾）
刺繡長晚禮服。

CAMAIEU（加謬）
深藍絲緞束腰晚禮服，
搭配「剪刀」形剪裁與垂墜線條。

註：法文milieu du siècle意即「中世紀」。

FRANCIS POULENC（普朗克）
晚禮服。

PREMIER AVRIL（四月天）
毛料套裝。

註：法文Verticale意即「垂直線條」。

（左）SIAM（暹羅）
簡便套裝。洋裝和大衣。

（右）ILLUSIONNISTE（魔術師）
正式黃昏套裝。馬術長大衣、
開襟針織衫和洋裝。

註：法文Oblique意即「斜線」。

CACHOTIER（神祕）
米色山東綢短外套和鐵灰
色羊駝毛洋裝套裝。

橫裁綢晚禮服。

註：法文Naturelle意即「自然」。

銀色刺繡絲緞晚禮服。

JUSTINE（潔絲汀）
正式午後套裝。黑色毛料外套搭黑色塔夫塔綢裙。

註：法文Longue意即「長曳」。

晚禮服。絲緞刺繡抓皺外套。

米色套裝、紅色絲質襯衫。

註：法文Sinueuse意即「曲折」。

毛料洋裝。

註：法文Profilée意即「側視」。

SOUDAN（蘇丹）
正式套裝。洋裝與大衣。

註：法文Tulipe意即「鬱金香」。

FLORENTINE（佛羅倫斯）
晚餐套裝。羅緞洋裝與橫裁綢大衣。

PONT DE PARIS（巴黎之橋）
米褐色華達呢洋裝。

註：法文Vivante意即「生氣蓬勃」。

NUIT BLANCHE（白夜）
晚宴服套裝。洋裝和大衣。

AIR FRANCE（法國之空）
午茶裝。

註：法文Muguet意即「鈴蘭」。

ARMIDE（阿蜜德）
晚禮服。

AUTOMNE（秋）
套裝。

A
午後套裝。洋裝和長版短大衣。

ANGÉLIQUE（安潔莉克）
短晚禮服。

SOIRÉE DE PARIS（巴黎晚宴）
黑色絲絨束腰晚禮服、白色絲緞垂墜結構。

BLEU DE PERSE（波斯藍）
洋裝和短大衣套裝。

CORSAIRE（水手）
短上衣和裙子套裝。

BAL À PARIS（巴黎舞會）
塔夫塔綢與黑絲絨晚禮服。

註：法文Flèche意即「箭」。

CARAMBA（卡蘭巴）
日間洋裝。

COPENHAGUE（哥本哈根）
午後套裝。洋裝、斗篷、原色海貍皮草。

註：法文Aimant意即「愛戀」。

PERNAMBOUC（珀南布科）
兩件式套裝。米灰色山東綢獵裝和裙子。

LUXEMBOURG（盧森堡）
白底粉紅印花塔夫塔綢晚禮服。

註：法文Libre意即「自由」。

CONCERTO（協奏曲）
短晚禮服。

ALLER ET RETOUR（往返）
套裝和襯衫。

註：法文Fuseau意即「紡錘」。

人 物 介 紹

Bacall, Lauren 洛琳・白考兒

(1924 - 2014)

1943年美國導演難華・霍克斯（Howard Hawks）在《Harper's Bazzar》的封面上注意到她。僱用她與亨佛萊・鮑嘉共同出演「江湖俠侶」（To Have and Have Not）。1945年，兩人結婚，婚後堪稱演藝圈模範夫妻，直到1957年鮑嘉過世。兩人在「江湖俠侶」後共同拍攝了三部電影：「夜長夢多」、「逃獄血冤」（Dark Passage）及「蓋世梟雄」。

Ballard, Bettina 貝蒂娜・巴拉德

(1905 - 1961)

1934至1961年間擔任《Vogue》雜誌總編輯。和卡蜜兒・史諾同時出席了Dior的第一場秀，見證NEW LOOK的崛起。

Balmain, Pierre 皮耶・巴爾曼

(1914 - 1982)

法國服裝設計師。曾為盧西安・勒隆工作，1945年成立自己的高級訂製服品牌，經營至辭世為止。

La Bégum 阿迦罕三世王妃

(1906 - 2000)

本名Yvette Labrousse，1930年當選法國小姐，1944年嫁給阿迦罕三世，擁有不平凡的一生。她的母親也是裁縫師，因此王妃一生熱愛高級訂製服。

Bérard, Christian 克里斯汀・貝哈

(1902 - 1949)

朋友們皆稱呼他BéBé，他也以此名廣為人知。他在由雅克・朋尚與迪奧共同經營的畫廊展出作品。迪奧開設店面時，將飾品部門的室內設計全權交與他。

Bobby 波比

克里斯汀・迪奧的愛犬。迪奧習慣將他所有的狗都命名為「Bobby」。1950年開始，每一季他都會設計一套「Bobby」套裝。

Bogart, Humphrey 亨佛萊・鮑嘉

(1899 - 1957)

從默片時期起家，是1930年代好萊塢最有實力的喜劇演員之一，1947年到1957年之間更成為美國影視界的傳奇人物。

Bohan, Marc 馬克・波昂

(1926 -)

服飾商之子，年輕時在尚・巴杜（Jean Patou）、侯貝・皮傑與愛德華・莫里涅（Edward Molyneux）手下學習。伊夫・聖羅蘭在迪奧過世後一直負責品牌的設計，1960馬克・波昂接任該職位，直到1989年。

Boussac, Marcel 馬歇爾・布薩克

(1889 - 1980)

1917年成立棉工業商行（CIC, Comptoire de l'industrie cotonniere），同時也是馬匹育種家與媒體大亨，擁有《極光報》（L'Aurore）以及《巴黎休閒報》（Paris-Turf）。

1945年認識了迪奧，並投入大筆資金，幫助他成立服裝品牌。布薩克帝國在1970年代逐漸衰亡。1978年宣布破產，兩年後身無分文地死去。

Bricard, Mitzah 米莎・布麗卡

(? - 1983)

據說年輕時曾被包養。她是優雅的謬斯，而且總能提出明智的看法，因此迪奧將帽飾設計交由她負責。

Carré, Marguerite 瑪格麗特・卡蕾

(? - 1998)

曾是尚・巴杜工坊的首席裁縫師，1946年底起，在Dior品牌負責管理30位技藝精良的工匠。迪奧為她設置了工坊技術總監的職位，令她倍受手下尊敬。

Cocteau, Jean 尚・寇克多

(1889 - 1963)

法國作家，著有小說、詩，也執導電影、創作繪畫。是迪奧的多年好友，曾如此形容他：「這是屬於我們時代的靈巧天才，而其魔法般的大名由神與黃金組成。」

Colle, Carmen 卡門・柯爾

(? - 1983)

畫廊經營者皮耶・柯爾之妻。皮耶・柯爾是迪奧最親密的友人之一，1931至1934年間與迪奧共同策劃展覽。卡門・柯爾負責Dior品牌門市一樓的飾品部門。

Dietrich, Marlène 瑪琳・黛德麗

(1901 - 1992)

德國演員與歌手，以「藍天使」（Ange）、「上海特快車」（Shanghaï Express）中的角色最為人熟知。她是迪奧的好友，要求希區考克在「慾海驚魂」中使用迪奧設計的劇服，並說：「沒有迪奧就沒有我。」

Doutreleau, Victoire 薇多莉雅・杜特羅

1953年擔任Dior品牌的當家模特兒。她是卡爾・拉格斐（Karl Lagerfeld）與伊夫・聖羅蘭的好友，1962年伊夫・聖羅蘭成立自己的品牌時，她也加入行列。擔任沙龍總監至1964年。

Edward, VIII 愛德華八世

(1894 - 1972)

英國國王，1936年1月至12月間，統治英格蘭、北愛爾蘭、大英國協各自治領國，同時也為印度皇帝。為了迎娶華勒絲・辛普森，1937年退位，由其弟亞伯特（Albert）接任王位，得到溫莎公爵的頭銜。

La comtesse Greffulhe 葛雷芙爾女公爵

(1860 - 1952)

本名Marie-Joséphine-Anatole-Louise-Élisabeth de Riquet。據說是普魯斯特筆下的蓋爾蒙特公爵夫人（duchesse Guermantes，《追憶似水年華中》的人物）的靈感來源。非常崇拜迪奧的作品。

Hayworth, Rita 麗塔・海沃思

(1918 - 1987)

美國電影界的傳奇女演員，特別是她在「巧婦姬黛」（Gilda）、「封面女郎」（Cover Girl）、「慾海妖姬」（Lady from Shanghai）等片中演出的角色。曾嫁給美國導演奧森・威爾斯（Orson Welles），之後於1949年又嫁給阿里可汗（Ali Khan）王子。從最初就是迪奧作品的仰慕者，也出席了第一場秀。

Lachaume 拉修姆花店

創始自自1845年的花藝名店。每當服裝秀時，迪奧總喜歡以拉修姆的花束妝點沙龍。

Lazareff, Hélène 愛蓮・拉札赫芙

(1909 - 1988)

《Paris-Soir》與《Marie-Claire》的記者，二戰期間，與丈夫皮耶・拉札赫芙（Pierre Lazareff）一同流亡紐約，在當地受到《Harper's Bazzar》與《New York Times》的美式報刊形式啟發。回到法國後，於1945年創辦《Elle》雜誌，擔任總監至1973年。

Lelong, Lucien 盧西安‧勒隆

(1889 - 1958)

法國服裝設計師。公認是二戰時德國佔領法國期間的高級訂製服救星，1941年雇用迪奧擔任立裁師。1948年結束品牌。迪奧過世六個月後，1958年5月11日晚間也因心臟病發辭世。

Luling, Suzanne 蘇珊‧盧林

(? - 1988)

迪奧的童年好友。從成立品牌之初，迪奧便將整個沙龍與販售交予她負責。

Marcus, Stanley 史丹利‧馬可斯

(1905 - 2002)

經營美國精品百貨Neiman Marcus，擔任總監至1975年。1947年在達拉斯的盛會上，頒發時尚奧斯卡獎給迪奧。

Poiret, Paul 保羅‧普瓦列

(1879 - 1944)

備受克里斯汀‧迪奧尊崇的法國服裝設計師。在雅克‧杜塞（Jacques Doucet）手下工作，開啟職業生涯，並在1903年創立自己的品牌。以大膽的設計打開知名度，拋棄馬甲，為女性的身形帶來革命性的改變。當時盛行的東方主義與狄亞基列夫（Sergei Diaghilev）的俄羅斯芭蕾造型與色彩對他啟發良多。他設計了燈籠褲裙與收擺裙，引發輿論。他是1929年經濟危機的受害者，被迫結束品牌，過世時貧困潦倒，被世人遺忘。

Rouët, Jacques 賈克‧胡耶

(1918 - 2002)

從品牌創始以來便擔任行政與財務總監。1957年迪奧死後成為代理人直到1983年為止。

Saint Laurent, Yves 伊夫‧聖羅蘭

(1936 - 2008)

法國服裝設計師，1955年進入迪奧工作。迪奧本人過世後，便出任藝術總監的職位。1960年徵召入伍，從此沒再回到Dior公司，但在1962年與Pierre Bergé創立了自己的品牌。2002年退休，六年後與世長辭。

Simpson, Wallis 華勒絲‧辛普森

(1896 - 1986)

與前夫E.W.史賓塞（E.W. Spencer）離婚後，1934年與威爾斯王子愛德華再婚。愛德華曾為英國國王愛德華八世，而後放棄王位與頭銜，只為了1937年能在巴黎迎娶她。後來成為溫莎公爵夫人。

Snow, Carmel 卡蜜兒‧史諾

(1887 - 1961)

極具影響力的美國記者。曾任《Vogue》雜誌時尚編輯，後來成為《Harper's Bazzar》雜誌總編輯。1947年2月12日，當她參加迪奧的第一場秀時，就是她將之暱稱為「NEW LOOK」。

Windsor, Margaret 瑪格麗特‧溫莎

(1930 - 2002)

約克公爵（後來成為國王喬治六世）與伊麗莎白女勛爵（原姓氏Bowes-Lyon）之女。為目前英國女王伊麗莎白二世的妹妹。

Zehnacker, Raymonde 蕾蒙德‧欽娜克

(? - 1989)

她原為盧西安‧勒隆的工坊總監。曾對迪奧說：「你去哪裡，我都將跟隨你。」
1947年，她成為Dior的工坊總監。迪奧如此形容她：「就像第二個我」。

工 坊 職 務

Aboyeuse
唱號員
第二銷售員，負責在走秀時以法文與英文唱名各款式的名稱與號碼。

Arpète
學徒
剛進入服裝產業的小裁縫或見習生。負責在工坊與其他部門之間跑腿。因總是跑來跑去根本無法坐下來，被稱為「走道兔子」（lapin de couloir）。

Camériste
女隨從
女僕。負責雜務。

Coupeuse
裁版師
負責裁剪胚布版型的首席裁縫助手。

Modéliste
立裁師
版型繪製師，負責打版與製作原型。他們用胚布直接在人台上作業，抓出服裝的形貌。

Picoteuse
收邊裁縫師
負責以機器收邊的裁縫工。

Premier ou première d'atelier
首席裁縫師
負責管理工坊所有裁縫人員：小裁縫（或學徒）、首席、第二、第三裁縫師。

Il y a quatre sortes d'ateliers
四大工坊

套裝工坊（Tailleur）：
製作成套服裝及大衣。

洋裝工坊（Flou）：
製作日間洋裝、雞尾酒洋裝、晚禮服，長洋裝與短洋裝。

皮草工坊（Fourrure）：
製作大衣、披肩、皮草領以及皮草滾邊等。

帽子工坊（Chapeaux）：
製作各式帽子。

Placeur ou placeuse
帶位人員
負責在秀場依照賓客的重要性與彼此之間的關係安排座位。

常 用 布 料

Alpaga 羊駝毛料
以羊毛、絲或棉，以及羊駝毛（小羊駝的近親）混紡而成的布料。

Broché 緹花、織花
以間隔的紡織方式織出圖樣的布料。

Crêpe 縐綢
以絲質或羊毛製成的輕薄織品。以雙縐綢（crêpe de Chine）與喬其紗（Georgette）最常使用。

Faille 橫裁綢
粗橫紋絲織品。

Flanelle 法蘭絨
羊毛或棉質的輕柔織物，經梳毛或起毛處理。

Jersey 針織布
針織布料，製成材質從羊毛、棉、絲或人造纖維皆有。

Mousseline 薄紗
織紋鬆散、輕軟透明的布料。以絲、棉或羊毛製成。

Organdi ou organza 歐更紗或烏干紗
以棉或絲製成的布料，較洋紗硬挺。

Reps 綾紋平布
以羊毛或絲製成的厚重布料。

Shantung 山東綢
有立體織紋的絲質布料。

Surah 斜紋軟綢
柔軟輕薄的斜織布料。

Taffetas 塔夫塔綢
以熟絲（Soie mince）製成，織法同胚布。

Toile 胚布
亞麻、大麻或棉製成的布料，用來製作服裝的胚樣。薄的胚布用來打樣洋裝；較厚的則用於打樣套裝與大衣。顏色為白色或淺米色。

Tulle 網紗
棉織或絲織的布料，極為輕薄透明，網眼為圓形或多邊形。

Tweed 粗花呢
羊毛製的平紋或斜紋布料，通常以兩種顏色構成。

Velours 天鵝絨
一面平滑、另一面則是以織線固定的細密絨毛。材質從綿、絲到羊毛皆可見。

Velours de soie ou panne de velours 絲絨或平絨
絨毛平順的布料，具光澤感，以絲或嫘縈（Rayon）製成。

常 用 配 件

Colifichets ou frivolités 首飾或小物
小物件、配件及人造材質的首飾。

Gants 手套
「在市區，沒有手套和帽子，裝扮就稱不上完
整。而在晚間，最迷人的當屬長至肩膀，或到
手肘的一般手套……我偏愛較中性的顏色，像
是黑色、白色、米色或褐色。」

Christian Dior's Little Dictionary of Fashion, 1954

Guêpière 束腰
內衣的一種，比馬甲柔軟，也較短。功能和馬
甲一樣，可使腰部變得纖細，並支撐胸部，也
可做為吊襪帶。

Chapeau 帽飾
「帽子能令人看起來光彩出眾、隆重端莊——
但如果選錯了，也可能讓你顯得很醜！帽子是
女人味的精髓，其上的裝飾予人無限遐想。而
無論是服裝、包包或帽飾，原則都是一樣的：
永遠選擇最高級精良的材質。」

Christian Dior's Little Dictionary of Fashion, 1954

Chaussures 鞋履
「選鞋的時候再謹慎也不為過。……高跟鞋和
什麼都能搭配。我一點都不喜歡花俏的鞋子，
但晚間除外；我也不太欣賞彩色的鞋。選擇鞋
履的時候，要遵守兩大重要原則：首先，選擇
高品質的皮革或麂皮，接著選擇經典簡潔的樣
式。黑色、褐色、白色和深藍色最好（不過白
色的鞋可以拉長腿部線條）。鞋跟不可太低或
太高，否則有欠高雅。不過在所有原則中，舒
適度才是最重要的。不舒服的鞋履會影響走路
姿勢，有違優雅。」

Christian Dior's Little Dictionary of Fashion, 1954

Sac à main 手提包
「從早上到晚餐，即使穿著同一套套裝也無
妨，但若想呈現最完美的造型，絕對不要帶同
一個手提包。早上的包包力求簡潔，而晚間的
包包則要選小巧的，喜歡的話也可以選擇稍微
花俏一點的樣式。以高級皮革製成、最簡潔經
典的手提包才是最美的款式。由於不耐用，便
宜的皮革到頭來反而更貴。……別忘了，包包
可不是雜物袋，你總不能在包包裡塞滿一大堆
無用的東西，又希望它保持美觀耐用。和所有
的衣服一樣，包包也值得用心呵護。」

Christian Dior's Little Dictionary of Fashion, 1954

參 考 書 籍

Christian Dior的著作

Je suis couturier
(collection « Mon métier »)
Éditions du Conquistador, 1951

Christian Dior et moi
La Librairie Vuibert, 2011

Christian Dior's Little Dictionary of Fashion
Cassell & Co Ltd, 1954

———————

傳記

Christian Dior
Marie-France Pochna
Flammarion, 1994

Double Dior
Isabelle Rabineau
Denoël, 2012

———————

Christian Dior與時尚的相關著作

Fashion in the Forties and Fifties
Jane Dorner
Ian Allan Publishing, 1975

Christian Dior
Françoise Giroud et Sacha Van Dorssen
Éditions du Regard, 1987

La Mode sous l'Occupation
Dominique Veillon
Payot, 1990

Les Dessous de la féminité.
Un siècle de lingerie
Farid Chenoune
Éditions Assouline, 1998

Le New Look. La révolution Dior
Nigel Cawthorne
Celiv, 1997

Monsieur Dior et nous. 1947-1957
Ouvrage collectif
Anthèse, 1999

Christian Dior... Homme du siècle
Catalogue de l'exposition du musée
Christian Dior de Granville
Ouvrage collectif
Éditions Artlys, 2005

Christian Dior et le monde
Catalogue du musée Christian Dior de Granville
Ouvrage collectif
Éditions Artlys, 2006

Le Grand Bal Dior
Catalogue du musée Christian Dior de Granville
Ouvrage collectif
Éditions Artlys, 2010

*Dans les coulisses de la haute couture parisienne,
souvenirs d'un mannequin-vedette*
Freddy
Flammarion, 1956

Et Dior créa Victoire
Victoire Doutreleau
Robert Laffont, 1997

———————

期刊雜誌

Life, 24 mars 1947
Paris-Match, 2 novembre 1957
L'Officiel, « 1 000 modèles Dior, 60 ans de création »,
n° 81, janvier 2008

謝 辭

我對服裝最早的記憶，應該要歸功於我的兩位祖母，她們為孩提時代的我縫製洋裝、大衣與短上衣。

我還記得桌上好幾呎長的布料、粉筆畫出的記號線、以剪刀精準的裁剪、我用磁鐵吸起滿地的大頭針；在盒子裡撿拾不成對或同款式的鈕扣，有三個、四個或六個一樣的，以粗棉線串起。有的鈕扣非常美麗，以陶瓷製成，上面還會有花朵，其他的則是金屬製，是從軍裝取下的紀念物。

首先我要感謝Paule Boncoure女士與Geneviève Leizour女士，兩位從1947年起皆擔任Dior工坊的首席裁縫助理，同時還要感謝第二裁縫師Marinella Godefroy女士、公關Sylvie Ledoux女士，為我引介以上諸位。

感謝Christian Dior Couture董事長Sidney Toledano先生與公關經理Olivier Bialobos先生，因為他們二位，我才得以進入蒙恬大道30號的私人宅邸。

出版社負責人Jérôme Gautier先生、資料庫負責人Soizic Pfaff女士、檔案員Solène Auréal女士、企業關係部經理Philippe Le Moult先生，感謝他們慷慨地提供寶貴建議與資料，使得故事內容能夠更加考究。

感謝我忠實的記者朋友Pierrette Rosset女士與Pierre Lebedel先生，在他們的回憶中翻箱倒櫃。還要感謝另一位忠實的朋友Pierre Christin先生，開車帶我前往格蘭佛和米利拉福雷。他對我的故事展現極大的興趣，他為許多人，也為我，編寫過極美的故事。

男性角色的優雅則要歸功於書商François Pillu先生，感謝他贈與我難得一見的1950年代型錄。

最後，我要將本書獻給另一位「穿Dior的女孩」──Léa（1992-2013）。同時也獻給Pauline Mermet，她是本書的編輯，更是本書的教母。

Annie Goetzinger

國家圖書館出版品預行編目(CIP)資料

Dior：穿迪奧的女孩/安妮.葛琴歌(Annie Goetzinger)著；韓書妍譯.
-- 二版. -- 臺北市：積木文化出版：英屬蓋曼群島商家庭傳媒股份有
限公司城邦分公司發行, 2023.11
　　面；　公分
譯自：Jeune fille en Dior
ISBN 978-986-459-550-1(精裝)

1.CST: 迪奧(Dior, Christian) 2.CST: 時尚 3.CST: 漫畫 4.CST: 法國

423   112017826

VO0033C

Dior：穿迪奧的女孩 【暢銷紀念版】

原文書名	Jeune Fille en Dior
作　　者	安妮・葛琴歌（Annie Goetzinger）
譯　　者	韓書妍
審　　訂	克麗絲汀迪奧有限公司台灣分公司公關部 Christian Dior Taiwan Ltd Public Relations Department

總 編 輯	王秀婷
責任編輯	李　華
編輯助理	陳佳欣
版權行政	沈家心
行銷業務	陳紫晴、羅伃伶

發 行 人	涂玉雲
出　　版	積木文化 104台北市民生東路二段141號5樓 電話：(02) 2500-7696｜傳真：(02) 2500-1953 官方部落格：www.cubepress.com.tw 讀者服務信箱：service_cube@hmg.com.tw
發　　行	英屬蓋曼群島商家庭傳媒股份有限公司城邦分公司 台北市民生東路二段141號2樓 讀者服務專線：(02)25007718-9｜24小時傳真專線：(02)25001990-1 服務時間：週一至週五09:30-12:00、13:30-17:00 郵撥：19863813｜戶名：書虫股份有限公司 網站：城邦讀書花園｜網址：www.cite.com.tw
香港發行所	城邦（香港）出版集團有限公司 香港九龍九龍城土瓜灣道86號順聯工業大廈6樓A室 電話：+852-25086231｜傳真：+852-25789337 電子信箱：hkcite@biznetvigator.com
馬新發行所	城邦（馬新）出版集團 Cite（M）Sdn Bhd 41, Jalan Radin Anum, Bandar Baru Sri Petaling, 57000 Kuala Lumpur, Malaysia. 電話：(603) 90563833｜傳真：(603) 90576622 電子信箱：services@cite.my

製版印刷	上晴彩色印刷製版有限公司
封面設計	曲文瑩

城邦讀書花園
www.cite.com.tw

【印刷版】
2016年7月28日　初版一刷
2023年11月30日　二版一刷

售　價／NT$699
ISBN　978-986-459-550-1

【電子版】
2023年11月
ISBN 978-986-459-548-8（EPUB）

Printed in Taiwan.
版權所有・翻印必究